Tabla sobre contexto

Prólogo:... 1
FORRAJE VERDE HIDROPÓNICO (FVH).. 2
Beneficios y Desventajas del FVH... 4
Composición y Análisis Nutricional del FVH..7
Diferencias entre el Cultivo Tradicional y el FVH.................................... 10
¿Dónde se puede producir el forraje verde hidropónico FVH?................... 11
Factores que Influyen en la Producción.. 15
Sistemas y Estanterías...23
Sistema de Riego.. 28
Riego por goteo.. 31
Sistema de Forma Horizontal:... 32
Solución Nutritiva...33
¿Qué tipo de agua debo usar?..34
Preparación de la Solución Nutritiva... 36
Control del pH (potencial de hidrógeno)..44
Aplicación de la Solución Nutritiva... 46
¿Cómo podemos saber cuántas veces al día regar nuestro FVH?..............47
Ejercicio para calcular la cantidad de riegos necesarios en tu área...............48
Pasos de producción de FVH..53
Utilización de FVH para Diferentes Especies de Animales........................ 67
Bibliografía... 73

Prólogo:

Es un placer para mí presentar este libro sobre la producción de forraje verde hidropónico (FVH), un trabajo que surge de mi profunda pasión por la agricultura y el bienestar animal. A lo largo de los años, he tenido el privilegio de adquirir conocimientos y experiencia en este campo, y mi objetivo al escribir este libro es compartir todo ese aprendizaje con ustedes, queridos lectores.

La razón principal que me impulsó a escribir este libro fue la creencia de que todos los hogares, especialmente aquellos con animales de granja, deberían tener acceso a información valiosa sobre la producción de forraje verde hidropónico. En un futuro incierto, donde la escasez de forrajes tradicionales podría convertirse en una realidad debido a sequías o cambios climáticos extremos, este conocimiento podría ser muy útil para garantizar una nutrición adecuada a nuestros animales.

En las páginas de este libro encontrará toda la información necesaria para producir con éxito forraje verde hidropónico para sus animales. Desde conceptos básicos hasta técnicas avanzadas, cada capítulo está diseñado para ser una guía práctica y completa que te permita llevar a cabo este proceso de manera eficiente y efectiva.

Además, quiero invitar a todos los lectores a que me sigan en las redes sociales, especialmente en Facebook y YouTube, donde comparto contenido adicional en forma de videos instructivos. Estos vídeos muestran, paso a paso, cómo producir forraje verde hidropónico de una forma sencilla y accesible, con explicaciones claras y que todos puedan entender.

Espero que este libro sea una herramienta valiosa en su viaje hacia una producción agrícola más sostenible y un cuidado responsable de sus animales. ¡Te deseo mucho éxito en tus aventuras hidropónicas!

Jesús Ornelas

Me puedes encontrar como:
YouTube: Jesus Ornelas
Facebook: Forraje Verde Hidropónico GTO

FORRAJE VERDE HIDROPÓNICO (FVH)

Esto es como preparar comida fresca para animales utilizando una tecnología especial llamada Forraje Verde Hidropónico (FVH). Es como una fábrica de comida donde se controla el crecimiento de granos como maíz, trigo, avena y cebada para alimentar a los animales. El FVH es altamente nutritivo y de calidad. Se desarrolla rápidamente y puede ser cosechado en un lapso mínimo de una semana y máximo de dos semanas, proporcionando una fuente rica en proteínas, minerales y vitaminas para los animales.

Lo grandioso de este alimento es que reemplaza los concentrados sin afectar la nutrición de los animales. Es denso en calorías, con grasas fácilmente digeribles y carbohidratos. Además, no interfiere con el metabolismo de los animales, lo que beneficia a los agricultores al ahorrar dinero.

Este tipo de pasto se puede cultivar durante todo el año y en cualquier lugar, ¡incluso sin necesidad de tierra! Utiliza la técnica de hidroponía, que permite el cultivo de plantas sin suelo, pero requiere condiciones específicas.

En la hidroponía, se cultivan diversas plantas para su crecimiento óptimo, aprovechando la capacidad de producir más plantas que en los métodos tradicionales debido al control de las condiciones de cultivo. Este método se enfoca en suministrar agua y minerales directamente a las raíces de las plantas, sin necesidad de tierra. En el caso del FVH, se emplea la misma técnica, pero las plantas no alcanzan la etapa de producción de frutos, simplemente germinan, por lo que las necesidades de minerales son mínimas, a veces solo se utiliza agua potable.

Aunque "hidroponía" da la impresión de trabajar en agua, en realidad, esta forma de cultivo ayuda a conservar agua, lo cual es excelente. Es una opción ideal, especialmente en regiones afectadas por sequías o inviernos rigurosos. Se crea una "cabina hidropónica" para proteger las plantas del sol, la lluvia y el frío, donde se crean las condiciones perfectas para regarlas de forma controlada.

El siguiente paso es seleccionar el tipo de grano, como trigo, avena, cebada, maíz o centeno. Estos granos cumplen con los requisitos necesarios para una producción óptima, sin problemas de hongos que a menudo afectan a los agricultores.

Los granos se siembran y germinan diariamente en bandejas sin tierra colocadas en estantes. Se riegan ambos lados de las bandejas simultáneamente para asegurar un suministro adecuado de agua desde arriba hasta abajo.

El Forraje Verde Hidropónico es una excelente opción para alimentar a una variedad de animales como corderos, cerdos, cabras, terneros, vacas lecheras, caballos, conejos, gallinas, patos, cuyes, pavos e incluso mascotas. ¡Es una manera muy efectiva de proporcionar alimento a los animales!

Beneficios y Desventajas del FVH

1. Alto valor nutricional: Este alimento, llamado Forraje Verde Hidropónico (FVH), es muy bueno para los animales porque tiene muchas cosas saludables como proteínas, enzimas, carbohidratos, vitaminas y más. Ayuda a que los animales estén fuertes y evita que se enfermen.

2. Uso efectivo del espacio: La manera en que organizan las bandejas en estanterías en las cabinas térmicas hace que aprovechen bien el espacio. Con un montaje de 240 bandejas, pueden producir 336 kg de forraje al día ocupando sólo 75.6 m2. Esto es mucho menos espacio que el necesario para la siembra tradicional, ¡casi como tener una hectárea y media de terreno!

3. Ahorro y uso eficiente del agua: El FVH ahorra agua comparado con el sistema tradicional. La cantidad de agua necesaria para producir forraje verde hidropónico (FVH) puede variar dependiendo de varios factores, como el tipo de grano utilizado, las condiciones ambientales y el método de cultivo. Sin embargo, en general, se estima que se necesitan alrededor de 2 a 4 litros de agua por cada kilogramo de forraje verde hidropónico producido. mientras que para hacer 1 kilo de alfalfa o maíz en la tierra se necesitan de 150 a 300 litros. Esto es porque en el FVH, las pérdidas de agua son muy bajas.

4. Ciclo de producción corto: El tiempo para hacer el FVH es corto. Pueden tener hasta 3 cosechas en 30 días, lo que cubre bien la comida de los animales. Esto es genial para mantener a los animales bien alimentados, especialmente para las vacas y ganado lechero.

5. El costo de operación es bajo: Comparado con la siembra tradicional, el FVH es menos riesgoso frente a cambios climáticos, usa menos tierra y agua, y tiene menos riesgo de enfermedades en los cultivos. No necesita maquinaria y la mano de obra es más barata.
Además, el FVH trae más beneficios como aumentar la producción de leche en vacas, mejorar la carne, aumentar el peso de animales jóvenes, y muchas cosas más. Es una buena opción económica para los agricultores y les ayuda a tener animales más saludables y productivos.

Desventajas del FVH

1. Desinformación y Sobrevaloración: A veces, los proyectos de FVH se venden como soluciones "llave en mano" a los agricultores sin comprender realmente sus necesidades. Esto conduce a fracasos porque los productores no están familiarizados con los requisitos del sistema, como las necesidades de las plantas, las plagas, las enfermedades y las condiciones ideales de luz, temperatura y humedad. La falta de capacitación previa puede ocasionar problemas en el manejo del sistema.

2. Compromiso y Cuidados Continuos: El FVH requiere cuidados constantes y un compromiso sólido por parte del productor. Si no se cuenta con la información correcta y el conocimiento necesario, puede ser difícil manejar el sistema correctamente. El proceso es continuo y requiere atención constante.

3. Falta de Conocimientos e Información: La falta de conocimientos simples y directos puede convertirse en una desventaja. Al igual que con la tecnología de hidroponía familiar, la carencia de información puede ocasionar problemas. Es esencial tener conocimientos sobre el manejo del sistema para evitar dificultades y garantizar el éxito del proyecto.

4. Bajo Contenido de Materia Seca: El forraje verde hidropónico tiene menos materia seca en comparación con otros tipos de forraje. Por lo tanto, no debe ser la única fuente de alimento. Cada tipo de animal necesita diferentes alimentos, y el forraje hidropónico es solo una parte. Es crucial utilizar otros alimentos, como el rastrojo, para complementar lo que falta en materia seca en la dieta de los animales.

Estas desventajas resaltan la importancia de la capacitación y el conocimiento adecuado para los agricultores que desean implementar sistemas de Forraje Verde Hidropónico. Sin esta información, los proyectos pueden enfrentar dificultades y no alcanzar los resultados esperados, incluido el bajo contenido de materia seca que puede afectar la nutrición de los animales.

Composición y Análisis Nutricional del FVH

La calidad del forraje verde hidropónico FVH puede variar por diversas razones. Es crucial destacar este punto, ya que a menudo esta información no se divulga adecuadamente a los agricultores. Algunas empresas que venden equipos de producción de FVH pueden mencionar que el forraje verde hidropónico proporciona más del 18% de proteína. Sin embargo, esta información es incompleta si no se especifican los requisitos necesarios para alcanzar estos niveles de proteína.

1. Tiempo de la cosecha: El tiempo de cosecha es un factor crucial que afecta la calidad del forraje hidropónico. Dependiendo de cuándo se recolectó, este forraje puede contener más o menos proteínas y fibra. Por ejemplo, si se recoge temprano, es probable que tenga más proteínas, pero si espera más, es probable que tenga más fibra. Sea cual sea el grano utilizado, todas las variedades de forrajes verdes hidropónicos tienen un periodo en el que alcanzan sus valores nutricionales óptimos. Es durante este periodo cuando se recomienda la recolección para asegurar la mejor nutrición de nuestros animales. Fuera de este periodo, los niveles nutricionales pueden ser más bajos.

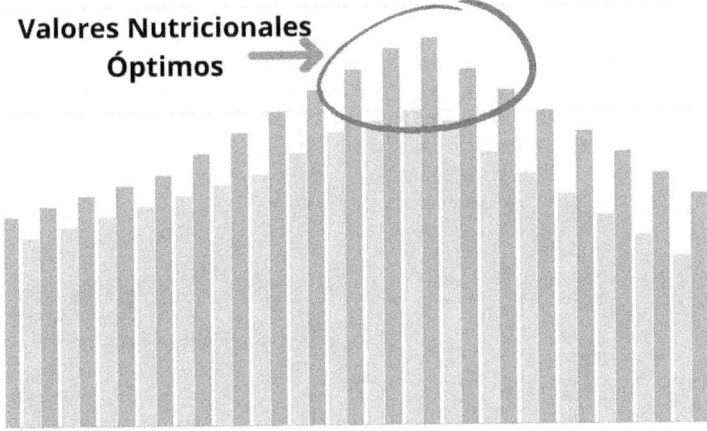

2. Edad de la planta: A medida que las plantas crecen, cambia lo que tienen dentro. Las plantas jóvenes suelen tener más proteínas y menos fibra, mientras que las plantas más viejas pueden tener menos proteínas y más fibra.

3. Tipo y Variedad de la semilla: Diferentes semillas tienen diferentes nutrientes. Algunas semillas son naturalmente más ricas en ciertos nutrientes que otras.

4. Clima: El tiempo, como la temperatura, humedad, luz y el agua, puede afectar cómo crecen las plantas y lo que contienen. Un clima bueno puede hacer que las plantas crezcan más y sean más nutritivas.

5. Manejo del cultivo: Cómo se cuidan las plantas también importa. Usar fertilizantes, regarlas bien, cosechar cuando es necesario y protegerlas de plagas puede hacer que el forraje verde hidropónico sea mejor para los animales.

Así que, la calidad del forraje puede cambiar debido a muchos factores. Entender esto es importante para asegurarnos de que los animales tengan una buena comida y para que las plantas crezcan bien.

Análisis Proximal del FVH

A continuación vamos a comparar dos tipos de Forraje Verde Hidropónico (FVH). Ambos usan semillas de maíz, pero la diferencia está en cuánto tiempo pasó antes de ser cosechado. El primero se cosecha en 11 días, y el segundo se cosecha en 14 días. Hay algo importante que notar: mientras más tiempo pasa, el nivel de proteína empieza a bajar y el nivel de materia seca aumenta. Es decir, la comida tiene menos proteína y más material seco a medida que pasa más tiempo antes de cosechar.

Análisis Nutricional - 11 días

Materia Seca	18.60%		Calcio (Ca)	0.10%
Proteína	18.80%		Fosforo (p)	0.47%
Energía Metabolizable	3,216 kcal/kg. MS		Magnesio (Mn)	0.14%
Digestibilidad	81-90%		Hierro (Fe)	200 ppm
Caroteno	25.1 UL/Kg		Manganeso (Mg)	300 ppm
Vitamina E	26.3 UL/Kg		Zinc (Z)	34.0 ppm
Vitamina C	4.5 mg/Kg		Cobre (Cu)	8.0 ppm

FUENTE: FAO

Análisis Nutricional - 14 días

Materia Seca	+22%		Calcio (Ca)	+0.18%
Proteína	-16%		Fosforo (p)	-0.34%
Energía Metabolizable	-2,600 kcal/kg. MS		Magnesio (Mn)	-0.26%
Digestibilidad	-64-68%		Hierro (Fe)	-79 ppm
Caroteno	N/A		Manganeso (Mg)	N/A
Vitamina E	N/A		Zinc (Z)	+48.0 ppm
Vitamina C	N/A		Cobre (Cu)	+15.0 ppm

FUENTE: PCTI

Diferencias entre el Cultivo Tradicional y el FVH

Veamos las diferencias entre el cultivo tradicional de forraje y el Forraje Verde Hidropónico (FVH):

1. Cómo se Cultiva:
 - Forraje Tradicional: Se planta en la tierra utilizando métodos regulares.
 - FVH: Se cultiva sin tierra, en agua, mediante el método llamado hidroponía.

2. Espacio Necesario:
 - Forraje Tradicional: Requiere más espacio en la tierra para su crecimiento.
 - FVH: Utiliza estantes para crecer verticalmente, ahorrando espacio.

3. Uso de Tierra:
 - Forraje Tradicional: Depende del suelo para obtener nutrientes.
 - FVH: No requiere suelo; los nutrientes pueden incorporarse directamente al agua de cultivo, logrando resultados óptimos incluso utilizando únicamente agua, sin la necesidad de nutrientes adicionales.

4. Agua Necesaria:
 - Forraje Tradicional: Puede requerir mucha agua, especialmente en condiciones de sequía.
 - FVH: Es más eficiente en el uso del agua.

5. Tiempo para Crecer:
  - Forraje Tradicional: El tiempo de crecimiento puede variar según el tipo y el clima.
  - FVH: Crece más rápido, generalmente está listo para cosechar en 7-14 días.

Estas diferencias resaltan por qué el Forraje Verde Hidropónico puede ser una opción más ventajosa en ciertas situaciones en comparación con el forraje tradicional.

¿Dónde se puede producir el forraje verde hidropónico FVH?

Hay varios lugares donde podemos instalar sistemas verticales como se puede observar en estas imágenes. Lo más importante es asegurarnos de ofrecer las condiciones adecuadas para el crecimiento y desarrollo. Recordemos que mientras mejor controlemos estas condiciones, mejores serán nuestros resultados. Estas condiciones se dividen en cuatro partes, que detallaremos en el próximo capítulo de este libro: Temperatura, Humedad, Luminosidad y Aireación. Mejorar estos cuatro factores a niveles óptimos nos dará mejores resultados.

Estos sistemas son adaptables tanto en entornos al aire libre como en interiores, como habitaciones o almacenes que se modifican para proporcionar las condiciones adecuadas para el cultivo de forraje verde hidropónico.

Contenedor climatizado: Estos sistemas son la opción ideal para la producción de forraje verde hidropónico, ya que ofrecen una conversión máxima en términos de peso final y valor nutritivo. Logran transformar 1 kilo de grano hasta 10 kilos de forraje verde hidropónico.

Diseñados con módulos especializados, estos sistemas garantizan el control óptimo de los cuatro factores fundamentales para la producción: Temperatura, Humedad, Luminosidad y Aireación.

Aunque la inversión inicial puede ser considerable, se obtiene la ventaja de poder producir forraje verde hidropónico todos los días del año, independientemente de las condiciones climáticas. Este enfoque ofrece una

solución a largo plazo que puede resultar rentable y sostenible para la producción de alimento animal.

Lugar Cerrado: Se puede lograr una producción similar a la de un contenedor climatizado siempre y cuando se mantenga el control de los cuatro factores: Temperatura, Humedad, Luminosidad y Aireación. Es importante recordar que, cuando no se controlan estos factores, el crecimiento y desarrollo pueden ser más lentos.

Como se ve en las imágenes, la primera muestra una producción de 9-10 kilos de FVH por cada kilo de semilla, gracias al uso de luz artificial y un control del 100% de los cuatro factores. En comparación, la segunda imagen muestra una producción de entre 6-7 kilos de FVH por cada kilo de semilla, ya que en esta instancia no se utiliza luz artificial y los cuatro factores no están controlados de manera óptima.

Estos lugares suelen necesitar un enfoque especial en la luminosidad y aireación, asegurando un flujo de aire adecuado y una iluminación mínima. La iluminación artificial es común en estas instalaciones para mantener condiciones óptimas de crecimiento.

Invernaderos: Este sistema permite un crecimiento y desarrollo óptimos durante aproximadamente 12 horas al día, ya que durante la noche, la planta experimenta una desaceleración metabólica debido a la disminución de la temperatura y la ausencia de luz.

Cuando se considera la instalación de un invernadero, es crucial controlar que la temperatura no supere los 30°C, ya que temperaturas elevadas pueden generar estrés en el Forraje Verde Hidropónico (FVH) y propiciar el desarrollo de hongos y bacterias.

Este método es comúnmente aplicado en regiones con climas fríos, destacando la importancia del control de la temperatura para lograr un óptimo crecimiento y desarrollo del forraje verde hidropónico.

Es crucial señalar que los resultados finales en la producción de Forraje Verde Hidropónico (FVH) pueden variar significativamente según el control de los 4 factores esenciales. Puedes obtener rendimientos que fluctúan entre 6-7 kilos de FVH por cada kilo de semilla, hasta alcanzar los 9-10 kilos de FVH por kilo de semilla, todo dependiendo del cuidado y control preciso de estos 4 factores críticos: temperatura, humedad, luminosidad y aireación.

Lugar Abierto: Este tipo de configuración es adecuado para diferentes espacios al aire libre, con la condición principal de evitar la luz solar directa, ya que el forraje verde hidropónico (FVH) no requiere una exposición intensa a la luz. Es crucial garantizar que la temperatura no supere los 30° C, lo que hace que esta opción no sea la más apropiada para climas cálidos o húmedos, a menos que se pueda controlar adecuadamente la temperatura.

Este montaje en lugares abiertos puede enfrentar desafíos relacionados con roedores, ardillas, pájaros e insectos. Por lo tanto, se recomienda principalmente para pequeñas producciones o pruebas iniciales.

Es importante tener en cuenta que en este tipo de configuración, se puede esperar un rendimiento promedio de 6-7 kilos de forraje verde hidropónico (FVH) por cada kilo de semilla. Esto se debe a que los 4 factores críticos (temperatura, humedad, luminosidad y aireación) no se pueden controlar al 100% durante las 24 horas del día, siendo el crecimiento más lento durante la noche cuando disminuye la luminosidad y la temperatura.

Factores que Influyen en la Producción

Como hemos destacado previamente, la producción exitosa de Forraje Verde Hidropónico (FVH) se sustenta en cuatro factores fundamentales: Temperatura, Humedad, Luminosidad y Aireación. En resumen, la calidad de tus resultados estará directamente relacionada con la habilidad para mantener estos factores en condiciones óptimas. Cada uno desempeña un papel crucial en el crecimiento y desarrollo del FVH, y su gestión adecuada es esencial para obtener cosechas efectivas y nutritivas.

Temperatura:

La temperatura desempeña un papel clave en la germinación de las plantas, ya que afecta la absorción de agua y la evaporación. Variaciones significativas en este parámetro pueden impactar la cosecha. Controlar adecuadamente la temperatura es esencial en la producción de Forraje Verde Hidropónico (FVH). El rango óptimo para la producción de FVH se sitúa entre los 18°C y 26°C.

Las diferentes especies de granos presentan variaciones en sus requisitos de temperatura para la germinación. Por ejemplo, granos como avena, cebada y trigo prefieren temperaturas más bajas, alrededor de 18°C a 21°C. En cambio, el maíz, apreciado por su alto rendimiento de FVH y valor nutricional, necesita temperaturas más elevadas, entre 25°C y 28°C (Martínez, E. 2001; comunicación personal).

A medida que aumenta la temperatura mínima de germinación, el drenaje adecuado de las bandejas se vuelve fundamental para evitar el exceso de humedad y la proliferación de enfermedades fúngicas. El monitoreo constante y la rápida respuesta ante situaciones anómalas son esenciales, ya que el ataque de hongos puede ser devastador para la producción en cuestión de horas.

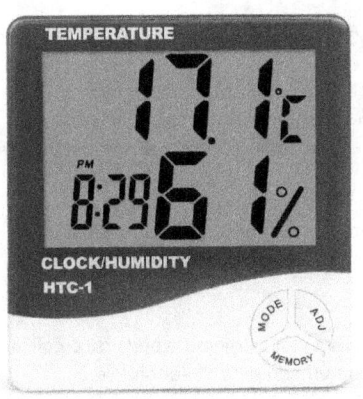

Para un manejo efectivo, la instalación de un higrómetro de máxima y mínima en los locales de producción es recomendada. Esto facilita el control diario de las temperaturas y la detección temprana de posibles problemas derivados de variaciones fuera del rango óptimo.

Establecer el sistema de producción de FVH en ambientes aislados de cambios climáticos externos contribuye significativamente a optimizar la producción.

Humedad:

El agua, elemento esencial en la vida de las plantas, se suministra a través del riego, convirtiéndose así en un factor de vital importancia. La gestión cuidadosa de la humedad dentro del lugar de producción resulta fundamental.

No obstante, una humedad relativa superior al 80%, sin una ventilación adecuada, puede generar problemas fitosanitarios, especialmente enfermedades fungosas difíciles de controlar. La falta de ventilación puede llevar a la deshidratación del cultivo, afectando significativamente la producción. Por lo tanto, encontrar un equilibrio entre el porcentaje de humedad relativa y la temperatura óptima es clave para el éxito en la producción de Forraje Verde Hidropónico (FVH).

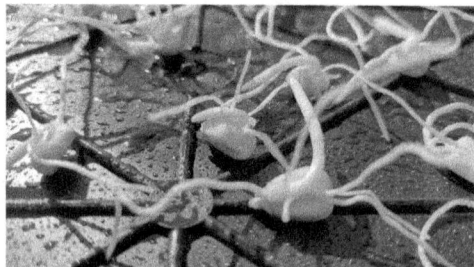

(Un rango de humedad entre 60%-80% es lo ideal)

La humedad juega un papel crucial en el cultivo de forraje verde hidropónico (FVH), ya que afecta varios aspectos del proceso de crecimiento de las plantas. Aquí hay algunas formas en que la humedad puede influir en el FVH:

1. La semillas: La humedad es esencial para iniciar el proceso de germinación de las semillas. Un ambiente húmedo ayuda a activar las semillas y facilita la absorción de agua, lo que permite que comiencen a germinar y desarrollarse.

2. Desarrollo de las plántulas: Durante las primeras etapas de crecimiento, las plántulas requieren un ambiente húmedo para desarrollarse correctamente. La humedad del aire influye en la absorción de agua por parte de las raíces, lo que afecta el crecimiento y la salud de las plántulas.

3. Evaporación y transpiración: La humedad ambiental afecta la tasa de evaporación del agua del sistema de cultivo y la transpiración de las plantas.

4. Control de enfermedades: La humedad excesiva puede crear un ambiente propicio para el crecimiento de hongos y bacterias, lo que aumenta el riesgo de enfermedades en el cultivo. Por otro lado, niveles de humedad demasiado bajos pueden aumentar la incidencia de estrés hídrico en las plantas.

En resumen, la humedad adecuada es fundamental para el éxito del cultivo de forraje verde hidropónico. Un equilibrio adecuado de humedad es esencial para garantizar un crecimiento saludable de las plantas y evitar problemas como enfermedades y estrés hídrico.

Luminosidad y Luz Artificial:

Es importante recordar que no se requieren niveles elevados de luminosidad, ya que el forraje verde hidropónico implica simplemente la germinación de los granos y no llega a la etapa reproductora de las plantas, como es el caso del maíz.

La luminosidad se mide con un luxómetro, que registra los niveles de lux. A pesar de que la luz solar directa no es recomendada, es crucial proporcionar cierta luminosidad para apoyar los procesos de fotosíntesis de las plantas.

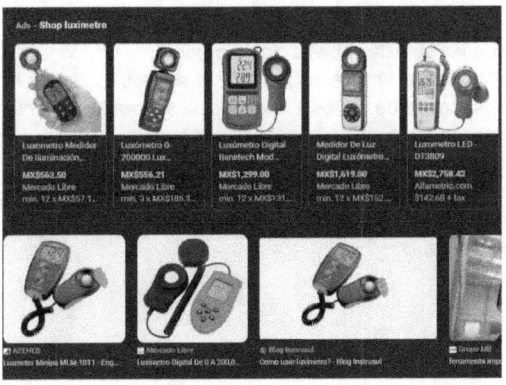

Sin luz en los recintos para FVH, las células verdes de las hojas no pueden llevar a cabo la fotosíntesis y, por lo tanto, no habrá producción de biomasa.

La luminosidad óptima oscila entre 30,000 Lux - 50,000 Lux, y se ha producido con una luminosidad mínima de 2,500 Lux - 3,000 Lux. Cuando la luminosidad supera los 50,000 Lux, las plantas experimentan estrés y las raíces pueden comenzar a secarse. Por esta razón, la luz solar directa no se recomienda para la producción de forraje verde hidropónico (FVH).

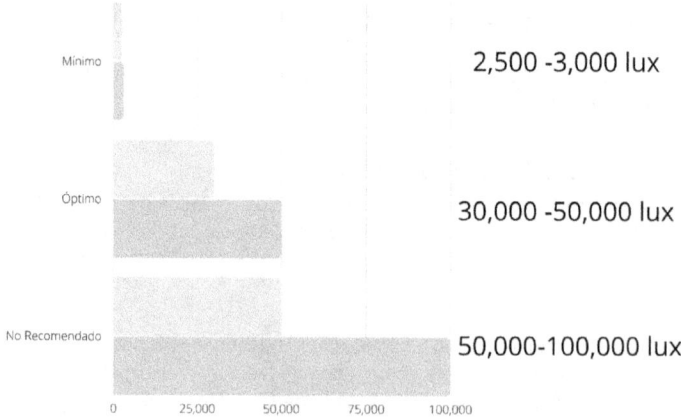

Durante la germinación de las semillas en el ciclo de producción de FVH, se evita la exposición directa a la luz durante los primeros días para favorecer la aparición de brotes y el desarrollo de raíces. En los recintos cerrados, al final del proceso de producción, se exponen las bandejas a la luz para obtener el característico color verde intenso del forraje y completar su riqueza nutricional óptima. En casos de producción exclusiva en recintos cerrados sin luz natural, se debe considerar la instalación de iluminación artificial mediante tubos fluorescentes bien distribuidos.

(Como se aprecia en las siguientes imágenes, la luminosidad es indirecta. En ninguna de estas imágenes la luz solar incide directamente sobre las plantas)

Y como podemos ver a continuación, se está utilizando luz artificial. Este tipo de luminosidad varía de distintos precios y existen diversas opciones en el mercado.

La principal diferencia entre los focos de casa (bombillas estándar) y los focos diseñados para proporcionar luz a las plantas (luces de crecimiento o lámparas de cultivo) radica en el espectro de luz que emiten.

En resumen, los focos diseñados para plantas están especializados para proporcionar la luz necesaria para el proceso de fotosíntesis y el crecimiento saludable de las plantas, mientras que los focos de casa son más genéricos y no siempre ofrecen el espectro lumínico adecuado para el desarrollo óptimo de las plantas.

Descubre en esta imagen diferentes opciones de luces artificiales diseñadas especialmente para las plantas. Explora algunas de las alternativas disponibles en el mercado para iluminar y promover el crecimiento saludable de tus cultivos.

Aireación o Ventilación:

La ventilación es muy importante en la producción de forraje verde hidropónico (FVH). Esto se debe a varias razones:

1. Oxígeno para las Raíces:
La ventilación adecuada asegura que las raíces de las plantas reciban suficiente oxígeno. El oxígeno es esencial para que las raíces respiren y contribuye al funcionamiento general de la planta. Si no hay suficiente ventilación, las raíces pueden no obtener el oxígeno necesario, afectando el crecimiento de las plantas.

2. Prevención de Problemas Fúngicos:
Una buena ventilación ayuda a reducir la humedad en el área de cultivo. Si hay demasiada humedad sin suficiente circulación de aire, pueden crecer hongos y bacterias. La ventilación adecuada previene enfermedades fúngicas que podrían dañar el forraje verde hidropónico.

3. Control de la Temperatura:
La ventilación es esencial para mantener la temperatura correcta en el área de cultivo. Si hace demasiado calor, puede afectar negativamente el crecimiento de las plantas. Una ventilación adecuada ayuda a dispersar el calor y mantener condiciones óptimas.

4. Evitar Gases Nocivos:
En sistemas cerrados, la fotosíntesis puede producir dióxido de carbono y otros gases. La ventilación adecuada evita que estos gases se acumulen, asegurando un suministro continuo de aire fresco para las plantas.

5. Mejora de la Calidad del Aire:
La ventilación contribuye a la renovación del aire, mejorando la calidad general del aire en el área de cultivo. Esto es importante para proporcionar a las plantas la mezcla adecuada de gases y facilitar la absorción de nutrientes.

6. Desarrollo Óptimo:
Un entorno bien ventilado fomenta el desarrollo óptimo de las plantas al proporcionar las condiciones ideales para procesos como la fotosíntesis y la transpiración.

Resumen: La ventilación es muy importante para que el forraje verde hidropónico crezca bien. Necesitamos aire fresco y que salga el aire viejo en cualquier lugar donde cultivemos el forraje. Esto ayuda a prevenir problemas como el exceso de agua y enfermedades. Así, siempre debemos asegurarnos de tener un buen flujo de aire para que las plantas estén contentas y crezcan de manera saludable.

Sistemas y Estanterías

En este libro, aprenderemos cómo ajustar las condiciones para hacer dos tipos de Forraje Verde Hidropónico (FVH): uno en bandejas en forma de torre vertical y otro en tapetes en forma horizontal. Para que un sistema de Forraje Verde Hidropónico (FVH) funcione bien, es muy importante prestar atención a todos los detalles y cuidar cada parte de la técnica.

Sistema Verticales

Este método implica la creación de un sistema de estantes para producir Forraje Verde Hidropónico (FVH). Se pueden emplear una variedad de materiales para construir estos estantes, incluyendo aluminio, PVC, madera y otros metales como acero, lámina o varillas de construcción. Las bandejas o charolas plásticas se utilizan para sembrar, garantizando un uso eficiente del espacio en áreas donde el cultivo tradicional en suelo resulta complicado. Además, estos estantes también pueden adquirirse ya hechos, lo que facilita su implementación en diversos entornos.

Un sistema de bandejas verticales para Forraje Verde Hidropónico (FVH) es una estructura en la que cultivamos forraje de manera vertical. Imagina bandejas o charolas apiladas una sobre otra, como si fueran una torre o una pirámide.

En este sistema, plantamos las semillas en las bandejas o charolas y las regamos con agua. Las plantas crecen en un ambiente controlado y, después de un tiempo, están listas para ser cosechadas.

La ventaja de este método es que nos permite cultivar mucho forraje en un espacio pequeño, ideal para lugares con poco espacio. Además, la disposición vertical facilita cuidar y manejar las plantas.

(Es importante notar que el aluminio y el PVC son los materiales más comunes para estos estantes, ya que son livianos y duraderos. En comparación, la madera tiende a pudrirse con el tiempo, y el metal puede oxidarse).

Cuando haces estantes para Forraje Verde Hidropónico (FVH), sin importar el material que elijas, hay dos cosas importantes que debes asegurar para tener éxito en la producción. A continuación te las explico de manera simple:

1. Inclinación para el agua: Los estantes necesitan tener una inclinación, como una pequeña pendiente, para que el agua extra pueda salir cuando riegas las plantas. Así no se acumula demasiada agua.

La inclinación más común es de 12° a 13°, lo que significa alrededor de 5 centímetros. Así, cuando regamos, el agua que sobra puede salir correctamente, evitando que se acumule donde no queremos.

2. Espacio entre Niveles: También necesitas dejar espacio entre un nivel y otro. Esto ayuda a que el agua se distribuya de manera parecida y permite que el forraje verde crezca bien. Cada nivel tiene que tener su espacio.

Las plantas necesitan alrededor de 20-25 centímetros para crecer bien. También necesitamos 5 centímetros más para regarlas de manera uniforme. En total, lo más común es tener unos 30 centímetros de espacio entre un nivel y otro. Así, las plantas pueden crecer felices y recibir el agua que necesitan.

Características de las Charolas o Bandejas

En el mercado, se encuentran diversas charolas o bandejas para el cultivo de forraje verde hidropónico, y aunque presentan variaciones, comparten características que resultan beneficiosas para las plantas. A continuación, describo algunas de estas características:

1. Color Negro: Estas charolas o bandejas son de color negro, lo cual simula la condición subterránea donde normalmente crecen las raíces. Este aspecto contribuye a un entorno visual que favorece el desarrollo de las plantas.

2. Orificios: Equipadas con agujeros, estas charolas o bandejas permiten un drenaje eficiente del exceso de agua, evitando la acumulación perjudicial para las raíces. Esta característica es fundamental para mantener un equilibrio hídrico adecuado.

3. Superficie Plana: La forma plana de las charolas o bandejas facilita la distribución uniforme del agua por toda la superficie, asegurando que todas las plantas reciban la cantidad necesaria para su crecimiento óptimo.

4. Rígidas: La rigidez de estas charolas o bandejas proporciona durabilidad y resistencia, evitando deformaciones que podrían comprometer su funcionalidad. Esta fortaleza facilita su manejo, lavado y cuidado, permitiendo un uso prolongado a lo largo del tiempo.

Cómo construir tu propio estante casero para FVH

1. Materiales necesarios:

- Elige un material para el estante, como metal, aluminio, madera o PVC.
- Adquiere las charolas o bandejas germinadoras antes de realizar cortes, para asegurar la compatibilidad.(Ten presente que hay diferentes tamaños de charolas o bandejas, por lo que sería más conveniente obtenerlas antes de proceder con cualquier corte o medida.)

2. Construcción de los estantes:
- Realiza los cortes necesarios según el material elegido o utiliza estantes prefabricados.
- Asegúrate de que la altura entre cada nivel sea adecuada para el crecimiento de las plantas.
- Asegúrate de que las bandejas tengan inclinación para un drenaje eficiente del exceso de agua.

Sistema de Riego

El riego por aspersión es bastante común en la producción de forraje verde hidropónico por su costo más bajo. Vale la pena mencionar que también se puede utilizar la nebulización, aunque los dispositivos necesarios para ello suelen ser más costosos. Esto sistema de riego se compone de tres partes clave:

1. Mangueras y Aspersores: Estos elementos actúan como tubos y rociadores que distribuyen el agua de manera uniforme sobre las plantas para favorecer su crecimiento.

Sistema De Riego:

Esta compuesto de 3 partes fundaméntale:

1) mangueras y aspersores

2) bomba de agua

3) Temporizador

2. Bomba de Agua: La bomba de agua funciona como el motor que impulsa y distribuye el agua a través de todo el sistema de riego.

3. Temporizador: Este dispositivo es esencial para programar y controlar los momentos en que se debe realizar el riego. De esta manera, se asegura que las plantas reciban la cantidad adecuada de agua en los momentos correctos.

Estos sistemas de riego también pueden ser adaptados con nebulizadores, como se muestra en la imagen, con el objetivo de reducir el consumo de agua y utilizar cantidades mínimas.

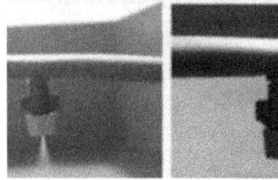

Es relevante destacar que también puedes emplear tubería de PVC para el sistema de riego, tal como se muestra en la imagen.

También es relevante señalar que hay diversos tipos de aspersores y nebulizadores disponibles, y la diferencia principal radica en la cantidad de agua que cada uno utiliza. En el mercado, puedes encontrar aspersores que van desde 25 litros por hora hasta más de 100 litros por hora.

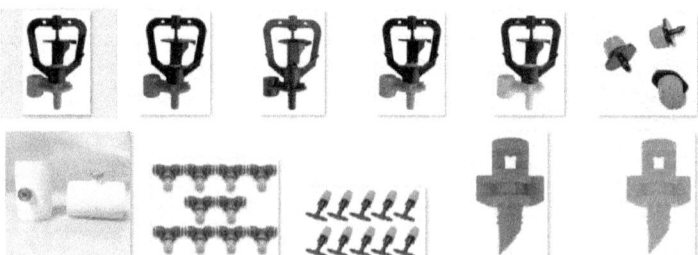

La cantidad de agua que utilizan está influenciada por la presión de la bomba de agua. Por ejemplo, los aspersores verdes utilizan entre 60 y 70 litros por hora. Trabajando con 1.5 kilos de presión, tienen un radio de riego de 2.90 metros, y trabajando a 2.5 kilos de presión, el radio de riego es de 3.60 metros.

Será importante llevar a cabo pruebas para determinar el alcance específico de los aspersores y la bomba de agua que elijas.

Independientemente de los aspersores o nebulizadores que elijas, es común utilizar al menos 2 de ellos por cada nivel para garantizar un riego uniforme, especialmente en stands de 1.5 a 2 metros de longitud. No obstante, esta cantidad puede variar según la presión y el tipo específico de aspersor o nebulizador que estés utilizando.

Riego por goteo

También es posible adaptar estos sistemas a un riego por goteo, aunque no es muy común debido al uso de cantidades excesivas de agua. Sin embargo, una ventaja de este método es que no se necesita electricidad para su funcionamiento. En los sistemas verticales, se inclinan las charolas o bandejas de manera que el riego comienza en las charolas superiores, permitiendo que el agua se desplace hacia abajo, regando progresivamente las charolas inferiores.

Aquí puedes observar otros ejemplos de riego por goteo.

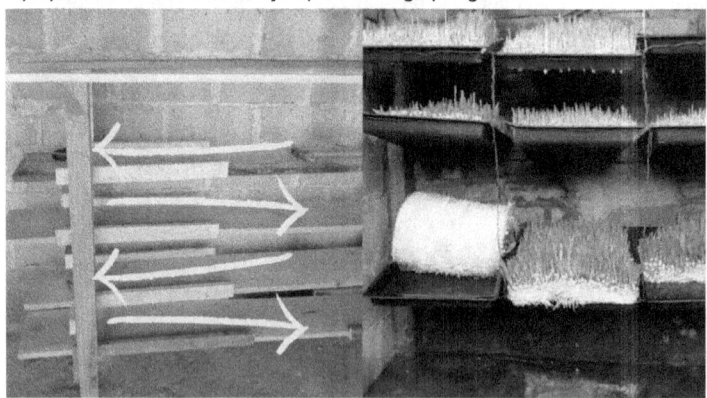

Sistema de Forma Horizontal:

Este método se destaca por su eficiencia económica, aprovechando materiales fácilmente disponibles en el mercado local y sin tener que utilizar estructuras costosas. A pesar de no requerir estas instalaciones avanzadas, se aconseja el uso de una cubierta en polisombra para resguardar el cultivo de la intensidad solar y prevenir la interferencia de insectos o animales no deseados, como roedores o ardillas, comúnmente presentes en entornos al aire libre.

La versatilidad de este sistema se muestra al construirlo con diversos materiales, como se ilustra en la imagen adjunta. La clave de esta configuración es aplicar una inclinación del suelo del 10-12%, asegurando un drenaje eficaz tanto para el agua de lluvia como para el riego programado, evitando acumulaciones perjudiciales. Es esencial destacar que, sin importar la orientación del sistema, ya sea vertical u horizontal, siempre es crucial contar con una inclinación adecuada para facilitar el drenaje del exceso de agua, ya que el encharcamiento resulta perjudicial para el desarrollo de las raíces de la planta.

Este tipo de sistema también se puede integrar con un sistema vertical, como se muestra en la siguiente imagen, utilizando madera de 1 metro de largo dispuesta en forma vertical para maximizar el espacio. Al utilizar madera, es crucial emplear plástico negro, ya que la madera podría deteriorarse, generando problemas de hongos y bacterias en el forraje verde hidropónico.

También es bastante común implementar este tipo de sistema directamente sobre el concreto. Cuando se utiliza directamente en el tierra, es esencial utilizar plástico negro. Es importante destacar que el uso de plástico blanco o transparente no se recomienda, ya que el objetivo es simular que las raíces están bajo tierra. El plástico blanco permite el paso de la luz, la cual puede causar estrés en las raíces, a diferencia de la oscuridad que favorece el crecimiento y desarrollo de las raíces y tallos.

Solución Nutritiva

Varios estudios respaldan la viabilidad de obtener buenos resultados utilizando únicamente agua potable o agua subterránea sin necesidad de agregar soluciones nutritivas. Además, es relevante mencionar que las semillas en sí mismas contienen todos los nutrientes necesarios para la germinación y el crecimiento inicial de la planta. Es importante tener en

cuenta que el Forraje Verde Hidropónico (FVH) se limita a ser un germinado que se desarrolla en un período que oscila entre los 7 y los 14 días.

La clave radica en comprender que, durante esta fase inicial, las plantas no requieren una nutrición intensiva, ya que la semilla ya aporta los nutrientes esenciales para su desarrollo temprano.

Posteriormente, un análisis bromatológico determinará si es necesario aplicar esta solución al agua de riego, con el fin de optimizar los costos de producción. En caso de necesidad, se deben aplicar los nutrientes macros y micronutrientes.

Aunque una solución nutritiva puede contribuir al aumento del peso final y mejorar los valores nutricionales, el verdadero éxito radica en proporcionar condiciones óptimas de temperatura, humedad, luminosidad y aireación.

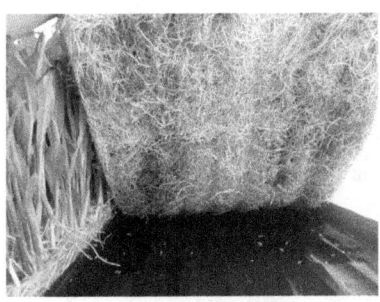

Es crucial destacar que el uso de solución nutritiva tiene sus riesgos, ya que, aunque proporciona nutrientes beneficiosos, también puede propiciar el crecimiento de hongos y bacterias. Para aquellos que comienzan la producción de FVH por primera vez, se recomienda iniciar con agua sola. Después de lograr el éxito inicial, se puede considerar la introducción gradual de solución nutritiva, siempre teniendo en cuenta los posibles riesgos asociados con hongos y bacterias.

¿Qué tipo de agua debo usar?

La calidad del agua de riego es esencial para el éxito en el cultivo de Forraje Verde Hidropónico (FVH). El agua debe ser potable, ya sea de pozo, lluvia o suministro público. Si el agua no es potable, pueden surgir problemas sanitarios.

Cuando la calidad del agua no es la óptima, se debe realizar un análisis químico detallado. Con base en los resultados, es necesario reformular la solución nutritiva y considerar otros tratamientos como filtración, decantación, asoleo, acidificación o alcalinización para asegurar su calidad.

¿Que es una solución nutritiva?

Una solución nutritiva (SN) consiste en agua con oxígeno y todos los nutrientes esenciales en forma iónica, posiblemente con algunos compuestos orgánicos como quelatos de hierro y otros micronutrientes (Steiner, 1968). Una SN genuina es aquella que contiene las especies químicas indicadas, coincidiendo con el análisis químico correspondiente (Steiner, 1961).

La SN sigue las leyes de la química inorgánica, con reacciones que forman complejos y precipitan iones, evitando que estén disponibles para las raíces de las plantas (De Rijck y Schrevens, 1998).

Los parámetros que caracterizan la SN incluyen el pH, la presión osmótica y las relaciones entre aniones y cationes (Adams, 1994; Rincón, 1997).

Funciones de los Nutrientes en las Plantas:

A continuación, exploraremos los 13 nutrientes esenciales para el crecimiento y desarrollo de las plantas en general.

Macronutrientes
- Nitrogeno (N)
- Fosforo (P)
- Potasio (K)
- Azufre (S)
- Magnesio (Mg)
- Calcio (Ca)

Micronutrientes
- Cinc (Zn)
- Hierro (Fe)
- Manganeso (Mn)
- Cobre (Cu)
- Cloro (Cl)
- Boro (B)
- Molibdeno (Mo)

Los nutrientes que cumplen funciones específicas en las plantas se dividen en los siguientes tres grupos principales:

1. Estructurales: Forman parte de compuestos orgánicos, como aminoácidos y proteínas (N), pectatos (Ca) en la lámina media de la pared celular, y (Mg) en el centro del núcleo de las clorofilas.

2. Constituyentes de Enzimas: Elementos, generalmente metales o de transición (Cu, Fe, Mn, Mo, Zn, Ni), que forman parte del grupo prostético de enzimas esenciales para sus funciones.

3. Activadores Enzimáticos: Componentes disociados de la fracción proteínica de las enzimas, necesarios para sus funciones.

Preparación de la Solución Nutritiva

Ten en cuenta que si no tienes experiencia en la preparación de una solución nutritiva o si es difícil encontrar estos nutrientes en tu zona, puedes obtener soluciones nutritivas ya preparadas en una tienda hidropónica o en mercados en línea como Amazon o Mercado Libre. En esta sección te mostraremos cómo preparar una fórmula exitosa, usando dos soluciones madre: Solución Concentrada A y Solución Concentrada B. La primera tiene principalmente macronutrientes (N, P, K, S, Mg, Ca), y la segunda tiene micronutrientes (Zn, Fe, Mn, Cu, Cl, B, Mo).

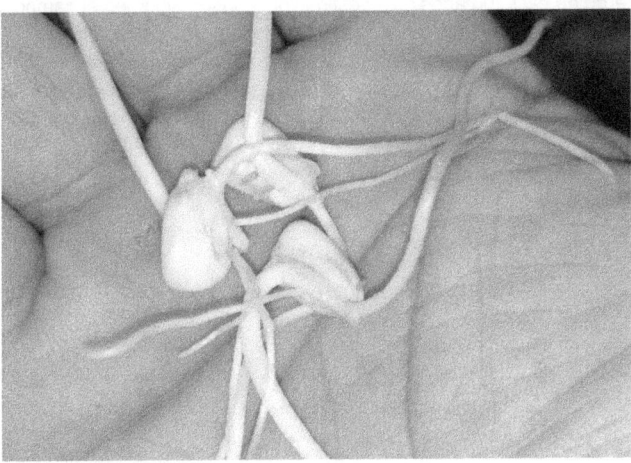

Primero es esencial señalar que en la hidroponía, la composición de la solución nutritiva varía según la etapa de crecimiento de las plantas. Los requerimientos nutricionales no son iguales para una planta en floración que para una en desarrollo de frutos. Aunque la planta siempre necesita los 13 nutrientes esenciales, la cantidad varía según la fase de producción.

Es relevante destacar que durante la etapa inicial de germinación, los requerimientos de nutrientes son más bajos en comparación con una planta en pleno desarrollo. Esto es importante porque el forraje verde hidropónico, al ser simplemente un germinado, no requiere una cantidad significativa de nutrientes en esta etapa.

Como se mencionó anteriormente, la semilla ya contiene todo lo necesario para su crecimiento inicial. Aunque una solución nutritiva puede contribuir al peso final y al valor nutricional, el éxito real radica en proporcionar las condiciones óptimas de temperatura, humedad, luminosidad y aireación. Estos factores son fundamentales para el desarrollo saludable de las plantas y deben ser cuidadosamente controlados para maximizar la producción y la calidad del forraje verde hidropónico.

La fórmula para calcular la solución nutritiva puede expresarse en gramos por litro (gr/l) o en partes por millón (ppm) de las sales minerales seleccionadas. A continuación, te proporciono la información basada en partes por millón (ppm).

A lo largo de casi 200 años de investigación y observación en el campo, se ha recopilado la siguiente tabla. Si bien no podemos considerarla exacta en todos los casos, ya que los requisitos de las plantas, como seres vivos, pueden variar, esta tabla puede servir como guía para determinar cuántas partes por millón de sales minerales necesitan la mayoría de las plantas.

ELEMENTOS ESENCIALES, MACRONUTRIENTES, MICRONUTRIENTES Y SU PESO MOLECULAR

	Peso molecular	Máximo (ppm)	Óptimo (ppm)	Mínimo (ppm)
N	14.0067	300	200	47
P	30.973762	130	60	30
K	39.0983	600	400	50
Ca	40.078	400	250	50
Mg	24.3247	150	50	25
S	32.065	650	70	50
Fe	55.845	9	5	2
Mn	54.938049	1.6	0.8	0.5
B	10.811	2	0.5	0.25
Cu	63.536	0.1	0.05	0.005
Mo	95.94	1.6	0.8	0.2
Zn	65.409	0.75	0.5	0.05
Si	28.0855	0.05	0.01	0.005
C	12.0107	1500	600	250

Una vez que tienes una fórmula, que puede ser alguna de las mencionadas anteriormente **(Máximo ppm, Óptimo ppm o Mínimo ppm)**, el siguiente paso es determinar las cantidades de sales minerales que se utilizaron. Esto dependerá de los minerales disponibles en tu zona y sus nombres comerciales.

La manera más sencilla de calcular la cantidad exacta de sales minerales es utilizando una hoja de cálculo de Excel, fácil de encontrar en Internet. Solo busca "calculadora de solución nutritiva" o "hoja de Excel para solución nutritiva" y, al ingresar la fórmula, la tabla de Excel te indicará cuántos gramos de cada sal mineral necesitas. También hay aplicaciones gratuitas disponibles que puedes descargar en tus dispositivos.

A continuación, comparto algunas de estas aplicaciones y sitios web que pueden ser útiles.

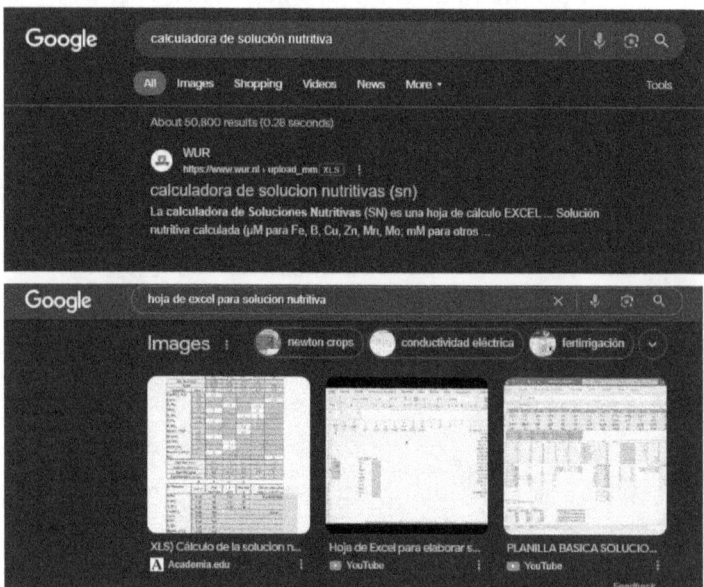

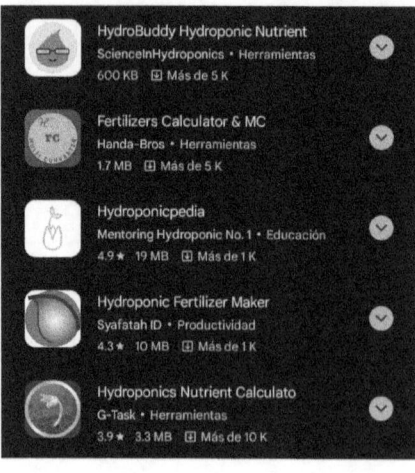

Aplicaciones gratuitas disponibles que puedes descargar en tus dispositivos.

A continuación, comparto la solución nutritiva que he desarrollado personalmente, específicamente para el Forraje Verde Hidropónico (FVH). A lo largo de varios años, he realizado modificaciones que han resultado en mejores rendimientos. Además, proporcionará los nombres comerciales de las sales minerales y las cantidades exactas de cada una de ellas. Esta solución nutritiva está diseñada para ser utilizada en 1000 litros de agua.

Solución Nutritiva (PPM)

N-128	N-Nitrógeno	**Macronutrientes**
P-27	P-Fosforo	N-128
K-175	K-Potasio	P-27
Ca-100	Ca-Calcio	K-175
Mg-0.8	Mg-Magnesio	Ca-100
Fe-2	Fe-Hierro	**Micronutrientes**
Zn-0.1	Zn-Zinc	Mg-0.8
Cu-.07	Cu-Cobre	Fe-2
B-.3	B-Boro	Zn-0.1
Mo-.03	Mo-Molibdeno	Cu-.07
S-26	S-Sulfato	B-.3
		Mo-.03
		S-26

Como podemos notar, las cantidades de nutrientes son bastante bajas, incluso en comparación con la tabla previamente mencionada. A continuación, presento los nombres comerciales de las sales minerales y las cantidades en gramos de cada una de ellas. Estas sales minerales en mi país (México) las puedes encontrar en Mercado Libre. Igualmente, en plataformas como Amazon, las puedes adquirir incluso ya listas para usar. Observamos que muchas de estas sales vienen en presentaciones de 25-50 kilos, lo cual es una cantidad considerable para nuestro uso, por lo tanto, en ocasiones puede resultar más práctico adquirir estas soluciones ya preparadas para utilizar.

Gramos por 1,000 litros de agua

Solu potase-417 gm
Sulfo nit-8gm
Multimap-61gm
Nitrato de calcio-526gm
**Sulfato de magneso-125gm
Queleto de fierro-11gm
Sulfato de manganeso-3gm
Acido borico-1gm
Sulfato de zinc-.2gm
Sulfato de cobre-.2gm
Molibdeno de amonio-2gm**

Como podemos notar en esta solución nutritiva, algunos de los 13 nutrientes mencionados en las tablas anteriores no están presentes. Esto se debe a que las cantidades requeridas son extremadamente bajas y muchos de estos minerales ya están presentes en el agua, por lo tanto, no es necesario agregarlos.

De acuerdo, ha llegado el momento de preparar la solución nutritiva para nuestro forraje verde hidropónico (FVH).

Es muy fácil preparar nuestra solución nutritiva, aquí lo importante es diluir estas sales en 2 partes, en una cubeta con agua vamos a diluir los Macronutrientes y en la otra cubeta vamos diluir los micronutrientes y finalmente combinaremos ambas soluciones, solución A y solución B.

Solución A
Solu potase- (417 gramos)
Sulfo nit- (8 gramos)
Multimap- (61 gramos)
Nitrato de calcio- (526 gramos)

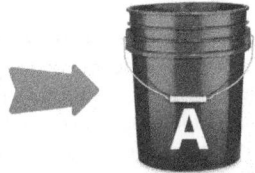

Solución B
Sulfato de magnesio- (125 gramos)
Sulfato de manganeso- (3 gramos)
Ácido bórico- (1 gramos)
Sulfato de zinc- (.2 gramos)
Sulfato de cobre-(.2 gramos)
Molibdeno de amonio- (2 grams)
Quelato de hierro- (11 gramos)

Procedimiento: Solución A
En un recipiente plástico, medimos 6 litros de agua y añadimos cada uno de los elementos previamente pesados en el orden mencionado. Iniciamos una agitación constante y agregamos el segundo nutriente solo cuando el primero se ha disuelto completamente. Luego, añadimos el tercero después de la completa disolución de los dos anteriores. Al quedar pocos restos de los fertilizantes aplicados, completamos con agua hasta llegar a 10 litros y agitamos durante 10 minutos adicionales, asegurándonos de que no haya residuos sólidos visibles. De esta manera, obtenemos la Solución Concentrada A. En caso de utilizarla para un contenedor de menos de 1000 litros, por ejemplo como un recipiente de 500 litros, la cantidad restante de solución debe ser envasada en una damajuana, etiquetada y almacenada en un lugar oscuro y fresco.

Procedimiento: Solución B

En un recipiente plástico, medimos 2 litros de agua y agregamos cada elemento previamente pesado, respetando el orden para garantizar una disolución completa. Al final, incorporamos el Quelato de Hierro. Procedemos a disolver la mezcla durante al menos 10 minutos, asegurándonos de que no queden residuos sólidos de ningún componente. Luego, completamos el volumen con agua hasta llegar a 4 litros y agitamos durante 5 minutos adicionales. De esta manera, obtenemos la Solución Concentrada B.

Observaciones de solución A y B

Es esencial no excederse en las cantidades recomendadas, ya que podría provocar intoxicaciones en los cultivos. El agua utilizada para la preparación debe ser común y corriente, a temperatura normal (20-25 grados centígrados), aunque es preferible utilizar agua destilada si su costo no es elevado. Para manipular nutrientes, ya sean concentrados, en preparación o como solución nutritiva, se deben usar materiales plásticos o de vidrio; evitando agitadores metálicos o de madera.

En la preparación de la SOLUCIÓN NUTRITIVA aplicada al cultivo, es fundamental evitar mezclar la SOLUCIÓN CONCENTRADA A con la SOLUCIÓN CONCENTRADA B sin la presencia de agua. Esta práctica activaría gran parte de los elementos nutritivos en ambas soluciones, generando más perjuicios que beneficios para los cultivos. La mezcla adecuada se logra añadiendo cada solución por separado en agua, primero una y luego la otra.

Control del pH (potencial de hidrógeno)

Antes de aplicar nuestra solución nutritiva al cultivo, es fundamental revisar el pH de la misma. El control del pH (potencial de hidrógeno) es esencial para garantizar una adecuada asimilación de los nutrientes en el Forraje Verde Hidropónico (FVH). El pH es un sistema que mide la concentración de iones de hidrógeno en solución, siendo crucial para el crecimiento óptimo de las plantas. La solución nutritiva utilizada en el FVH consiste principalmente en agua, compuesta por hidrógenos (H+) y oxhidrilos (OH), que al unirse forman agua (H_2O o HOH).

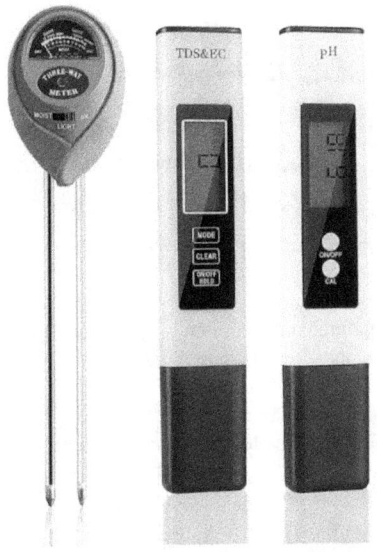

Por lo tanto, es fundamental controlar estos componentes mediante un pH metro o tiras de papel tornasol.

El valor de pH de nuestra solución nutritiva puede oscilar entre 5.2 y 7.5, siendo preferible mantenerlo entre 6.5 y 7.5, con algunas excepciones, como las leguminosas, que pueden desarrollarse con un pH cercano a 7.5. Sin embargo, la mayoría de las semillas, especialmente cereales utilizados en FVH, no se comportan eficientemente por encima del valor 7. Es importante destacar que las plantas absorben mejor los nutrientes cuando el pH está en condiciones óptimas. Mantener el pH dentro de estos rangos es esencial para favorecer un ambiente propicio para el crecimiento. A continuación, explicaremos cómo las plantas absorben nutrientes según el nivel de pH y cómo mantener un pH óptimo puede favorecer que las plantas aprovechen al máximo todos estos nutrientes.

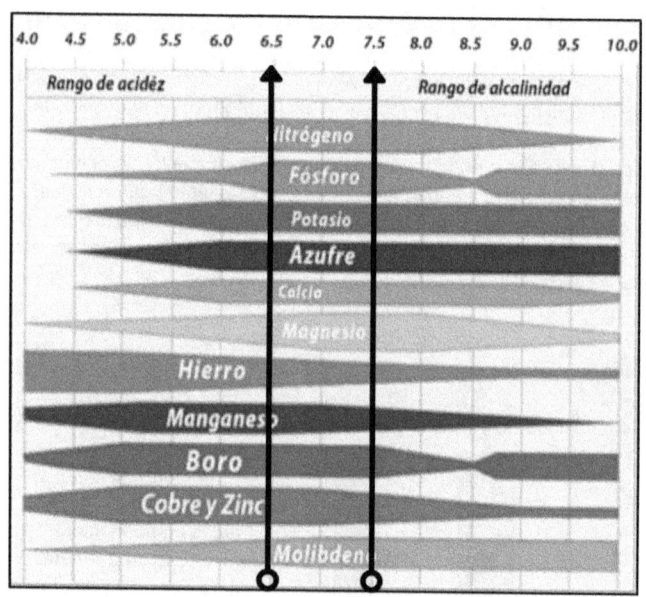

Observación del pH:

Para ajustar el pH en una solución nutritiva, se pueden utilizar sustancias específicas. Aquí te proporciono algunas opciones comunes:

Para aumentar el pH (hacer la solución más alcalina):
1. **Hidróxido de Potasio (KOH):** Es una base fuerte que se utiliza para incrementar el pH.
2. **Carbonato de Sodio (Na2CO3):** También conocido como soda ash, puede elevar el pH de la solución.

Para disminuir el pH (hacer la solución más ácida):
1. **Ácido Fosfórico (H3PO4):** Es un ácido comúnmente utilizado para bajar el pH.
2. **Ácido Nítrico (HNO3):** Otra opción ácida para reducir el pH en soluciones nutritivas.

Es importante medir el pH con un medidor de pH confiable y ajustar gradualmente, evitando cambios bruscos. El control cuidadoso del pH es esencial para asegurar que las plantas puedan absorber los nutrientes de manera efectiva.

Aplicación de la Solución Nutritiva

Es aconsejable comenzar a utilizar la Solución Nutriente 2-3 días después de iniciar el procedimiento y suspender su uso 2-3 días antes de la cosecha por dos motivos fundamentales, ambos de gran importancia.

1. En los primeros días, el grano no requiere nutrición. Como se mencionó anteriormente, dado que la semilla contiene todos los nutrientes necesarios para germinar y hacer crecer la planta en sus primeros días de vida, no es necesario aplicar la solución nutritiva en esta fase.

2. En los últimos días, es aconsejable utilizar únicamente agua, ya que la solución nutritiva puede generar malos olores que desalientan a los animales a consumir el Forraje Hidropónico. Además, esta solución contiene fertilizantes químicos que, en grandes cantidades, pueden causar problemas de salud a los animales de granja. Por lo tanto, la recomendación es emplear sólo agua en los días previos a la cosecha para eliminar cualquier residuo de estos fertilizantes químicos.

Como se muestra en la siguiente tabla, en un ciclo de 12 días, la solución nutritiva solo se aplica durante 6-8 días. En el primer renglón se puede observar que la solución nutritiva se aplica desde el día 3 hasta el día 10, mientras que en el segundo renglón se observa que la solución nutritiva se aplica desde el día 4 hasta el día 9. Estos son solo ejemplos de cómo se puede aplicar esta solución nutritiva para asegurar no aplicarla cuando no se necesita y para evitar que estos fertilizantes químicos afecten negativamente la salud de nuestros animales.

1	2	3	4	5	6	7	8	9	10	11	12
1	2	3	4	5	6	7	8	9	10	11	12

Una alternativa interesante en la producción de forraje verde hidropónico es el uso del humus de lombriz en lugar de una solución nutritiva convencional.

El humus de lombriz, también conocido como vermicompost o compost de lombriz, puede ser una excelente fuente de nutrientes para las plantas.

Se puede incorporar el humus de lombriz líquido directamente en el agua utilizada para el riego de las plantas. El humus de lombriz aporta una variedad de nutrientes esenciales y microorganismos beneficiosos que pueden mejorar la salud y el crecimiento de las plantas de forraje verde hidropónico.

Es importante tener en cuenta que las dosis de humus de lombriz pueden variar según el fabricante, ya que no todos los humus de lombriz contienen las mismas cantidades de nutrientes. Por lo tanto, es recomendable asesorarse con la empresa proveedora para determinar la cantidad recomendada de humus de lombriz por litro de agua a utilizar en el sistema de riego. Esto garantizará una aplicación adecuada y óptima de este fertilizante orgánico.

¿Cómo podemos saber cuántas veces al día regar nuestro FVH?

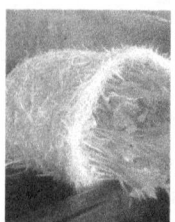

Asegurarse de que el riego se realice con la frecuencia adecuada es esencial para atender las necesidades del cultivo, su densidad y las condiciones climáticas específicas. Es de suma importancia elegir aspersores o nebulizadores adecuados y controlar con precisión la duración del riego para prevenir la aparición de hongos en el forraje. La adaptación de la frecuencia y cantidad de agua aplicada resulta crucial para evitar excesos que puedan afectar negativamente el desarrollo del Forraje

Verde Hidropónico (FVH) y potencialmente incidir en la salud de los animales que consumen dicho forraje.

La frecuencia de los riegos se ajusta de acuerdo al clima del lugar de producción. En zonas frías y húmedas, generalmente se realizan entre 3 y 5 riegos diarios, mientras que en lugares cálidos y secos, la frecuencia puede incrementarse hasta 8 o 9 riegos al día, con periodos breves de 30 segundos a 1 minuto por cada riego.

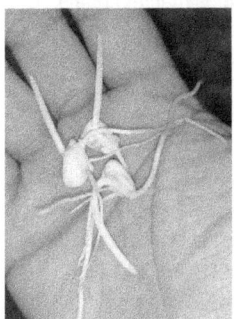

El objetivo principal de los riegos es asegurar la hidratación constante de las semillas o granos, especialmente durante sus primeros días de vida. Dada la fragilidad de las plantas en esta fase inicial de germinación, mantener un nivel adecuado de hidratación es esencial para su desarrollo. A medida que las plantas crecen, aumenta su resistencia, permitiendo tolerar períodos más extensos sin necesidad de riego. Ajustar la frecuencia y duración de los riegos es esencial para garantizar un crecimiento y desarrollo óptimos del FVH.

Ejercicio para calcular la cantidad de riegos necesarios en tu área

Determinar la frecuencia de riegos en tu área es un ejercicio crucial para optimizar el crecimiento de tu cultivo. En mi experiencia, he encontrado que la siguiente técnica es fácil de aplicar y, al mismo tiempo, brinda excelentes resultados para asegurar la hidratación adecuada de los granos.

Esta técnica es muy sencilla. Todo lo que necesitas es un tejido delgado o tela, como se muestra en esta imagen.

Antes de comenzar, es crucial determinar si necesitamos uno o dos intervalos de riego diferentes. En otras palabras, debemos decidir si requerimos riegos durante el día y también durante la noche. En situaciones donde el control de la temperatura, humedad, luminosidad y aireación es constante al 100% durante las 24 horas, solo necesitaremos un intervalo de riego establecido en momentos específicos durante el día.

Por otro lado, si estamos produciendo en un entorno al aire libre, en un invernadero o en un espacio cerrado donde no podemos mantener bajo control la temperatura, humedad, luminosidad y aireación durante las 24 horas del día, será necesario establecer dos intervalos de riego diferentes: uno durante el día y otro durante la noche. Esto se debe a que las condiciones climáticas variarán significativamente entre el día y la noche.

Si es necesario implementar dos frecuencias de riego, debemos dividir nuestras horas del día y de la noche. Para realizar esto, simplemente pregúntate a qué hora sale el sol por la mañana y a qué hora baja por la tarde. Por ejemplo aquí en nuestra zona el sol por la mañana sale a las 8am y baja a las 8pm.

Esto nos indica que nuestros riegos durante el día se realizarán desde las 8 am hasta las 8 pm, mientras que los riegos durante la noche se llevarían a cabo desde las 8 pm hasta las 8 am. 12 horas al día y 12 horas por la noche.

Ahora, la siguiente pregunta es: ¿cada cuánto tiempo programaremos estos riegos?

Colocaremos la tela en el lugar donde planeamos producir Forraje Verde Hidropónico (FVH), preferiblemente en una de las bandejas de germinación.

Luego aplicaremos el riego sobre la tela y simplemente esperaremos a que esta se seque. Al hacer esto, determinaremos cuánto tiempo tarda la tela en secarse. En nuestro caso, como se ve en esta imagen, tarda 2 horas y 20 minutos en secarse. Esto nos indica que necesitamos aplicar riego aproximadamente cada 2 horas para asegurar una hidratación adecuada de las plántulas. Es importante tener en cuenta que este ejemplo se implementa en un sistema al aire libre con baja humedad, por lo que la tela se seca más rápido en comparación con un espacio interior o un invernadero donde la humedad podría ser más alta.

Este ejercicio nos indica que necesitaremos aplicar un riego cada 2 horas empezando a las 8 am y terminado a las 8 pm. Que en conclusión serían 7 riegos en total durante las 12 horas del día. En la siguiente imagen podemos observar el tiempo de cada riego.

El siguiente paso sería determinar los intervalos de los riegos nocturnos, de 8 de la noche a 8 am de la mañana. Por lo general, durante la noche, se realizan entre 1 o 2 riegos, o en ocasiones no serían necesarios, dependiendo del clima nocturno. Para establecer los horarios de estos riegos, repetiremos el ejercicio con la tela. Dejaremos el trapo mojado durante la noche y, por la mañana antes del primer riego, revisaremos si el trapo o tela aún está húmedo. Si sigue húmedo, indicará que no necesitamos aplicar riego por las noches. Pero si el trapo amanece completamente seco, eso nos indicará que necesitamos aplicar al menos 1 riego durante la noche. En nuestro caso, dado que nuestro horario nocturno es de 12 horas, de 8 pm a 8 am, aplicamos el riego a las 2 am, que sería a la mitad de este horario.

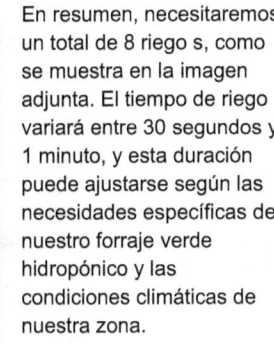

En resumen, necesitaremos un total de 8 riegos, como se muestra en la imagen adjunta. El tiempo de riego variará entre 30 segundos y 1 minuto, y esta duración puede ajustarse según las necesidades específicas de nuestro forraje verde hidropónico y las condiciones climáticas de nuestra zona.

Usualmente, se prefieren riegos de 1 minuto durante las horas más calurosas del día, mientras que se opta por riegos de 30 segundos en momentos de temperaturas más bajas o cuando comienzan a descender. Esto ocurre en las mañanas, cuando el sol sale y el día aún está fresco, así como en las tardes, cuando las temperaturas comienzan a disminuir.

Sin embargo, aplicar todos los riegos con una duración de 1 minuto no afectará el crecimiento del cultivo; esta diferencia de tiempo se implementa principalmente para reducir el consumo de agua al mínimo necesario. Es importante recordar que las charolas germinadoras cuentan con orificios y una inclinación específica para permitir el drenaje del exceso de agua.

A continuación, te comparto el enlace de uno de nuestros videos en YouTube y Facebook, donde podrás observar cómo llevamos a cabo este ejercicio en nuestro cultivo de forraje verde hidropónico. Además, podrás ver los resultados finales obtenidos mediante la aplicación de estos 8 riegos.

Video completo: "Aplicación de Riegos por Aspersión en el Cultivo de Forraje Verde Hidropónico FVH | Estrategias de Riego"

Youtube: https://www.youtube.com/watch?v=FHmCFmXropA&t=1s
Facebook: https://fb.watch/qSEme6b7_s/

Pasos de producción de FVH

Ahora, explicaremos los pasos de producción de forraje verde hidropónico. Estos pasos son aplicables tanto para producciones pequeñas como para producciones más grandes. En esta sección, te guiaré a través de los pasos necesarios para cultivar este tipo de forraje hidropónico utilizando principalmente semillas de maíz, cebada, trigo y avena. Estos pasos son simples y efectivos, proporcionando una visión clara del proceso de producción.

-Pasos De Producción:

1. Selección de granos.
2. Lavar y limpiar los granos.
3. Desinfectar los granos.
4. Remojo de granos.
5. Siembra.
6. Primera fase/oscuridad.
7. Segunda fase/iluminación y fotosíntesis.
8. Cosecha.

1-Selección de granos:

Puedes utilizar diversas variedades de granos, ya sean híbridos o criollos. No es necesario contar con granos o semillas especiales; lo más importante es elegir granos que tengan la capacidad de germinar. Recuerda que cualquier grano que no germine será más propenso al desarrollo de hongos y bacterias.

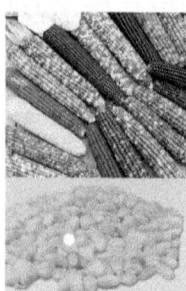

CEBADA
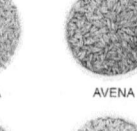
AVENA
TRIGO

CENTENO

Los granos más comúnmente utilizados son el maíz, la cebada, el trigo y la avena. Sin embargo, también se pueden explorar otras alternativas como arroz, lentejas, garbanzos, entre otras opciones. Es crucial destacar que el sorgo no es muy empleado en la producción, ya que cuando brota (o vuelve a brotar) y está tierno, tiene la peculiar capacidad de generar ácidos tóxicos, como el ácido cianhídrico. Este mecanismo es la defensa natural de la planta contra los insectos. Si consideras utilizar sorgo, es imperativo realizar análisis para determinar la presencia de esta toxina.

Seleccionar granos con una alta tasa de germinación es fundamental para garantizar el éxito en tu cultivo. Se aconseja optar por granos cosechados en los últimos 12 meses, ya que su capacidad de germinación tiende a disminuir con el tiempo de almacenamiento. No obstante, esto no quiere decir que los granos almacenados durante 2-3 años o más no funcionarán; simplemente, implica que cuanto más granos germinen, mejores serán los resultados finales.

Asegúrate de que los granos estén en buen estado, sin daños, roturas, ataques de insectos ni presencia de esporas o pudrición.

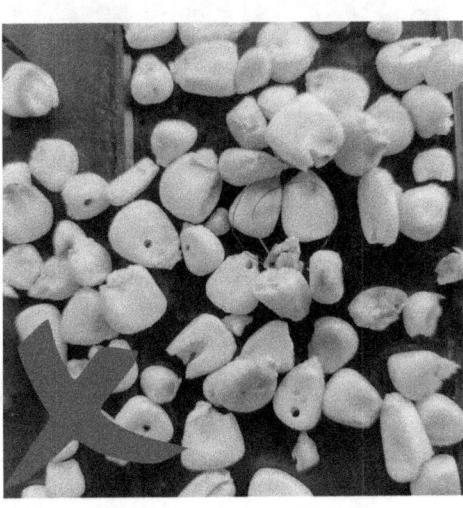

En la siguiente imagen, notamos granos con pequeños orificios, indicando que algunos insectos ya han comenzado a alimentarse de ellos. Estos granos probablemente no germinarán y, en caso de que lo hagan, serán más propensos a la putrefacción, lo que podría causar problemas de hongos y bacterias. Además, se observan granos con un color más oscuro, señal de la presencia de esporas bacterianas y el inicio del proceso de descomposición.

En esta otra imagen, al observar más de cerca dos granos, notamos que el grano en la parte trasera no germinó debido a que los daños causados por los insectos llevaron a la muerte del grano. En cambio, el segundo grano muestra señales de brote de raíces a pesar de los daños. Sin embargo, este segundo grano ya ha comenzado a descomponerse, lo que resultará en el desarrollo de hongos y bacterias con el tiempo. Esta descomposición puede afectar negativamente a otras semillas o granos cercanos.

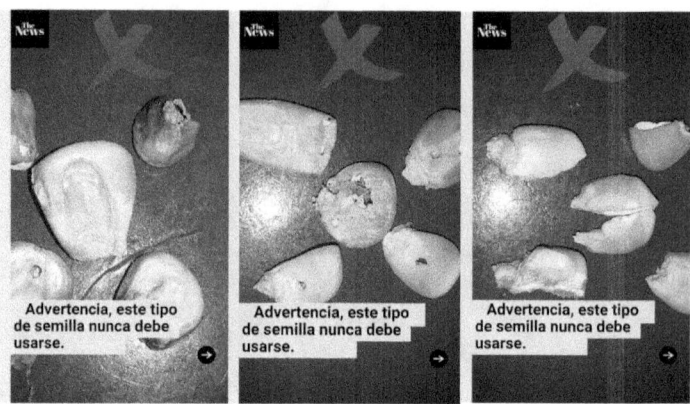

Al seleccionar los granos, es importante observar que no haya demasiados granos con imperfecciones, como se muestra en esta imagen. Aunque alcanzar la perfección total es difícil, el objetivo es reducir al mínimo los granos que no germinaron.

Evita utilizar granos tratados con plaguicidas, ya que están destinados para siembras en campo abierto y contienen químicos que pueden ser dañinos para nuestros animales. Estos granos tratados con plaguicidas son fácilmente identificables, ya que suelen estar completamente cubiertos por estos productos químicos. En México, por ejemplo, los plaguicidas suelen tener un color verde o rojo.

Preferiblemente, utiliza granos locales para apoyar la economía de la región y, en general, suelen ser más accesibles económicamente que los importados.

En el proceso mencionado anteriormente, el objetivo principal es lograr la germinación de la mayor cantidad posible de granos. Es importante tener en cuenta que alcanzar la germinación total es difícil, pero se busca maximizar este proceso para obtener resultados óptimos. Para lograrlo, se recomienda seleccionar granos con un índice de germinación que ronde entre el 90% y el 95%. Esto contribuirá significativamente al éxito de tu cultivo.

2-Lavar y limpiar los granos:

En esta segunda etapa, el objetivo es eliminar todas las impurezas presentes en los granos, como tierra o pequeñas partículas. Sin embargo, lo más crucial es retirar los granos que no germinaron, incluyendo aquellos que están quebrados, picados por insectos o que no son fértiles. La forma más fácil y económica de llevar a cabo este proceso es mediante el uso de agua, ya que los granos que no germinarán tienden a flotar en la superficie.

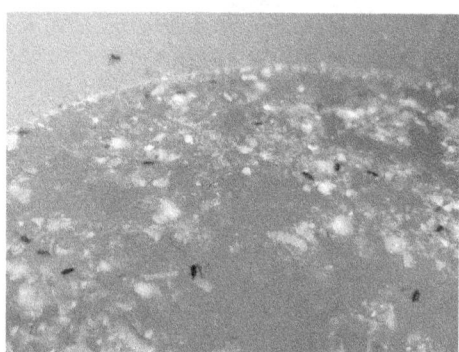

En este paso, el proceso es bastante sencillo. Se agrega agua limpia al recipiente donde están los granos. Todas las impurezas flotarán en la superficie, y utilizaremos un colador para eliminarlas.

Nota: Es importante revolver el agua con los granos para asegurarnos de eliminar todas las impurezas. La cantidad de impurezas depende de cómo se procesó el maíz. Si se utiliza maquinaria moderna, habrá pocas impurezas en comparación con el procesamiento tradicional.

57

3-Desinfectar los granos:
Este paso es fundamental para garantizar la eliminación de cualquier espora bacteriana que puedan contener nuestros granos. Estas esporas son casi invisibles a simple vista y resulta difícil detectarlas, por lo que es necesario asegurarnos de eliminarlas. Su presencia sin eliminación puede propiciar el desarrollo de hongos y bacterias en nuestro forraje verde hidropónico.

En esta etapa, emplearemos agua limpia y cloro común (hipoclorito de sodio), permitiendo que los granos remojen en esta solución durante 15-30 minutos.

La cantidad de cloro puede variar según el porcentaje de hipoclorito de sodio, ya que en el mercado existen productos con concentraciones entre el 4% y el 6%. La dosis más comúnmente utilizada es de 2-4 mililitros de cloro por cada litro de agua. Es crucial no exceder el tiempo de remojo más allá de 30 minutos, ya que una exposición prolongada podría dañar negativamente los granos.

Nota: También es posible utilizar hidróxido de calcio, conocido como Cal Agrícola. La dosis más comúnmente utilizada es de 2-3 gramos por cada litro de agua.

4-Remojo de granos:

En este paso, iniciamos el proceso de pre-germinación para activar el metabolismo de la planta y transformar el grano en plántula. El objetivo es hidratar los granos para que absorban toda el agua necesaria para germinar.

Para llevar a cabo este proceso, simplemente dejaremos los granos en remojo en agua limpia. Es crucial asegurarse de que el agua con cloro haya sido eliminada y utilizar agua fresca y limpia. El maíz generalmente requiere alrededor de 24 horas de remojo, mientras que los granos más pequeños como la avena, trigo y cebada sólo necesitan alrededor de 12 horas.

En climas cálidos, se recomienda oxigenar los granos a la mitad del tiempo recomendado, es decir, oxigenar el maíz a las 12 horas y los demás granos a las 8 horas. La oxigenación implica simplemente retirar el agua y dejar los granos sin agua durante 1 hora para permitir la entrada de oxígeno. Recuerda que los granos son seres vivos y necesitan respirar.

Otra forma de determinar si los granos necesitan oxigenación es observar burbujas en el agua, lo cual indica que los granos están liberando gases y necesitan respirar. Es crucial destacar que la presencia de burbujas en el agua es completamente normal. Sin embargo, cuando hay un exceso de burbujas, esto indica que los granos están liberando una cantidad significativa de gases y, por lo tanto, necesitarán ser oxigenados.

Nota: Es importante agregar suficiente agua, ya que los granos aumentarán su tamaño entre un 15% y un 35%, dependiendo de la variedad.

5-Siembra:

Una vez que nuestros granos han sido lavados, desinfectados y remojados, el siguiente paso es colocarlos en el lugar donde germinarán. Se recomienda utilizar charolas especialmente diseñadas para el forraje verde hidropónico, pero también se pueden considerar otras alternativas, como se observa en la segunda imagen.

La cantidad de granos puede variar según el tipo y la variedad del grano, así como su tamaño y peso. La cantidad más comúnmente utilizada es de 2 a 3 capas de granos, evitando exceder las 4 capas. Esto se debe a que al usar más de 4 capas, los granos inferiores pueden retener más humedad que los superiores, lo que podría resultar en un crecimiento no uniforme. En otras palabras, los granos inferiores podrían desarrollarse más rápido que los superiores.

A continuación, se presentan otros ejemplos de alternativas para llevar a cabo la siembra.

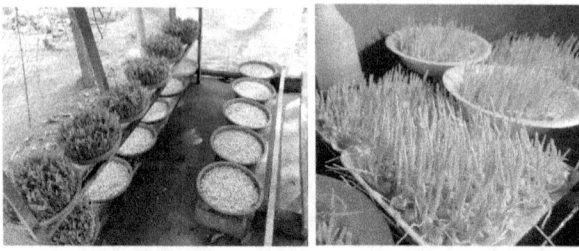

Nota: Puedes experimentar con diversas cantidades de granos para determinar cuál ofrece los mejores resultados en tu caso.

6-Primera fase /oscuridad:

Este paso forma parte de la primera fase de producción, desde el primer día en las bandejas hasta el día en que la plántula comienza a brotar su primera hoja, la cual puede variar dependiendo del tipo de grano y los cuidados que se le dé al cultivo. Normalmente, esta primera fase va desde el día 1 hasta el día 6. La forma de saber cuándo termina esta primera fase es cuando del grano empieza a brotar su primera hoja.

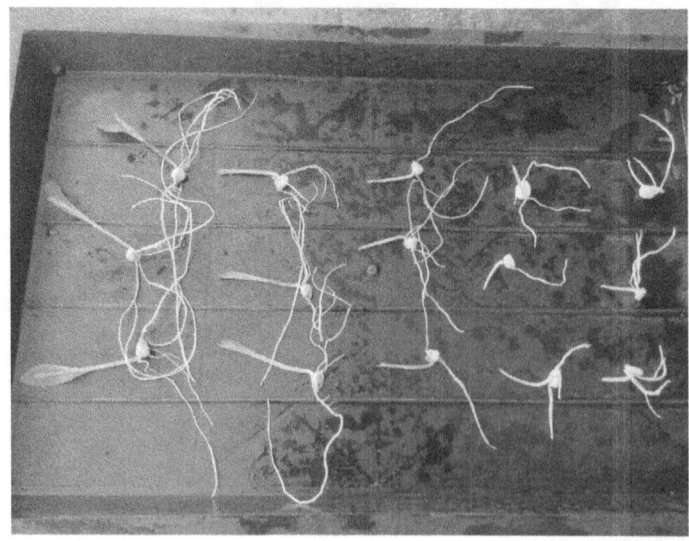

Durante esta etapa inicial, existen dos objetivos fundamentales para garantizar el éxito en la producción del forraje verde hidropónico (FVH). El primer objetivo es mantener los granos hidratados en todo momento, especialmente durante los primeros días de su vida, cuando son más frágiles. A medida que crecen, se vuelven más resistentes, pero en sus primeros días es crucial evitar que se sequen o pierdan su hidratación. El segundo objetivo es mantener los granos en la oscuridad, simulando su entorno natural bajo tierra. Esto ayuda al grano a desarrollar su raíz y tallo.

Para lograr estos dos objetivos, hay dos técnicas que se pueden implementar tanto en producciones pequeñas como en producciones más grandes de forraje verde hidropónico:

1. Utilizar plástico negro: Cubrir el área donde se produce el forraje con plástico negro, como se muestra en la imagen. El uso de plástico negro ayuda a mantener los granos en la oscuridad, favoreciendo el crecimiento de la raíz y del tallo, y al mismo tiempo esto ayuda a mantener los granos hidratados. Es importante recordar que los granos necesitan respirar, así que se deben dejar algunas aberturas en el plástico para permitir el flujo de aire.

2. Usar un trapo o tela: Cubrir las charolas o bandejas con un trapo o tela, como se observa en la imagen. Esto también ayuda a mantener los granos en la oscuridad para favorecer el crecimiento de la raíz y el tallo, y al mismo tiempo mantiene los granos hidratados. Los riegos se realizan por encima del trapo o tela, mojándose y manteniendo así la hidratación de los granos. Es importante señalar que el uso de un trapo o tela se recomienda debido a los pequeños orificios que permiten un flujo de aire mínimo para que las plántulas puedan respirar.

Nota: Cuando se utilizan contenedores climatizados comerciales, estos controlan estos parámetros las 24 horas del día, por lo que no sería necesario implementar estas dos técnicas mencionadas anteriormente.

7-Segunda fase/iluminación y fotosíntesis:

Este paso forma parte de la segunda etapa de producción, que va desde el día en que los granos comienzan a brotar su primera hoja hasta el día de la cosecha. La duración de esta fase puede variar según el tipo de grano y los cuidados que reciba el cultivo. Generalmente, esta segunda etapa abarca desde el día 6 o 7 hasta el día 12, que es el máximo recomendado para la cosecha. Podemos identificar el inicio de esta segunda etapa cuando los granos comienzan a mostrar su primera hoja.

Durante esta etapa, el objetivo fundamental es proporcionar a las plántulas algo de luz para que inicien su proceso de fotosíntesis. Piensa en las plantas como chefs que trabajan con la luz del sol, el agua y el aire. Durante el día, cuando brilla el sol, las hojas de las plantas captan esa luz y la convierten en energía. Luego, toman agua y aire del ambiente. Con todos estos ingredientes mágicos, las plantas realizan una receta especial dentro de sus hojas llamada fotosíntesis, y así crean su propia comida, llamada glucosa. Además, como un regalo extra, las plantas también producen aire fresco (oxígeno) para que todos podamos respirar.

En esta etapa, las plántulas ya tienen sus raíces y sus primeras hojas, por lo que son más fuertes y pueden resistir más tiempo sin riegos. Por lo tanto, ya no es necesario mantenerlas en la oscuridad.

Para lograr este objetivo, se puede implementar luz artificial, como se muestra en la página 18, o se puede utilizar la luz solar. Sin embargo, es importante recordar que la luz solar directa nunca es recomendada para la producción de forraje verde hidropónico, ya que las plantas en este estado son solo germinadas y no han alcanzado su etapa reproductiva. Puedes consultar la página 19 para conocer más sobre los requerimientos de luminosidad.

En resumen, cuando se produce forraje verde hidropónico utilizando luz solar, lo que buscamos es proporcionar sólo un poco de luz para iniciar el proceso de fotosíntesis. Como se puede observar en estas imágenes, la luz solar directa no está presente en ninguna de ellas.

8-Cosecha:

El último paso es la cosecha de nuestro forraje verde hidropónico (FVH), que puede implementarse en las dietas de los animales en diferentes momentos, desde los primeros 3 a 6 días hasta más de 14 días después de la siembra. Aquí lo importante es analizar el motivo por el cual estás produciendo este

forraje. Lo recomendado es cosechar cuando los niveles nutricionales estén óptimos, lo que puede identificarse de dos formas: cuando alcanza una altura entre 20-25 centímetros o entre el día 10 y el día 12, sin exceder los 12 días ni los 25 centímetros, ya que después de ese tiempo los niveles nutricionales comienzan a disminuir.

Cuando todos los factores están controlados al 100% (temperatura, humedad, luminosidad y aireación), se puede alcanzar una altura de 20-25 centímetros entre 6-10 días aproximadamente. En caso contrario, si estos factores no están controlados, es probable que no se alcance esa altura y se debe cosechar no más allá del día 12, independientemente del peso y altura del forraje.

Por otro lado, si necesitas el forraje para combatir la sequía o la escasez, es común cosechar después de los 12 días, aunque los niveles nutricionales no estén al máximo. En estos casos, el objetivo principal es garantizar la supervivencia de los animales durante períodos extremos, priorizando la producción de la mayor cantidad de peso final de nuestro forraje verde hidropónico. Aunque los valores nutricionales no alcancen su máximo, este forraje seguirá siendo nutritivo. Para conocer exactamente los valores nutricionales, es esencial realizar un análisis bromatológico.

Para las gallinas, es común cosechar entre el día 3-6, ya que prefieren el germinado de granos. Es recomendable suministrarles forraje verde hidropónico (FVH) de trigo de tan solo seis días de germinación, ya que mejora la digestión en comparación con solo alimentarlas con granos.

Es importante tener en cuenta que los valores nutricionales pueden cambiar según el tipo y la variedad de grano empleados, así como según los cuidados proporcionados al cultivo. Para obtener una comprensión más detallada de estos valores, se sugiere consultar la página 9, donde se muestran ejemplos de los resultados de diversos análisis bromatológicos.

A continuación, te comparto el enlace al video donde podrás observar estos pasos de producción con mayor detalle y apreciar los resultados finales de nuestro forraje verde hidropónico.

"8 pasos para producir Forraje Verde Hidropónico (FVH)"
Youtube: https://www.youtube.com/watch?v=YN6pauy-i6g
Facebook: https://fb.watch/qSHTHiwzHU/

Utilización de FVH para Diferentes Especies de Animales

Existen diversas formas de incorporar el forraje verde hidropónico en las dietas de los animales. Es importante recordar que el forraje verde hidropónico es solo una parte de la alimentación de los animales y no se recomienda alimentarlos exclusivamente con FVH, debido a que presenta niveles muy bajos de materia seca. Todos las especies de animales tienen diferentes requisitos nutricionales, y sería importante asesorarse con un profesional para asegurar una dieta balanceada. A continuación comparto las cantidades recomendadas por la FAO.

La FAO (Organización de las Naciones Unidas para la Alimentación y la Agricultura) es una agencia especializada de las Naciones Unidas que se dedica a la erradicación del hambre, la mejora de la nutrición y la promoción de la agricultura sostenible en todo el mundo.

Su objetivo principal es lograr la seguridad alimentaria para todos y garantizar que las personas tengan acceso a suficientes alimentos de calidad para llevar una vida saludable. La FAO trabaja en colaboración con gobiernos, organizaciones internacionales y sociedad civil para desarrollar políticas, compartir conocimientos y brindar asistencia técnica a los países en temas relacionados con la agricultura, la alimentación y la nutrición.

Dosis recomendadas de FVH por especie Animal según la FAO

Especie Animal	Kg de FVH/ 100kg peso vivo	Observaciones
Vacas Lecheras	1 a 2	Suplementar con paja, cebada y otras fibras.
Vacas Secas	0,5	Suplementar con fibras.
Vacuno de Carne	0 a 2	Suplementar con paja, cebada y otras fibras.
Cerdos	2	Suplementar con alimento consentrado.
Aves	25kg de FVH/ 100 kg de alimento seco	Mejora el factor de conversación.
Caballos	1	Complementar con fibra y consentrado.
Ovejas/ Cabras	1 a 2	Agregar Fibra.
Conejos	0,2 a 2	Complementar con fibra y consentrado.

Cantidades por Día. Fuente FAO(2001); food and agriculture organization

A continuación, te presento un ejemplo más detallado de las dosis recomendadas de forraje verde hidropónico (FVH) por especie animal según RAO (2017). Es importante tener en cuenta que estas cantidades pueden variar según el tipo y la variedad del grano, así como el cuidado que se brinde al cultivo. Para establecer una dieta exacta, se recomienda realizar un análisis bromatológico para determinar con precisión los valores nutricionales que aporta nuestro forraje verde hidropónico FVH.

Ganado Lechero:
- Producción Baja: 15 kg/día
- Producción Mediana: 20 kg/día
- Producción Alta: 28 kg/día

Ganado de Engorde:
- Levante: 13 kg/día
- Engorde: 17 kg/día

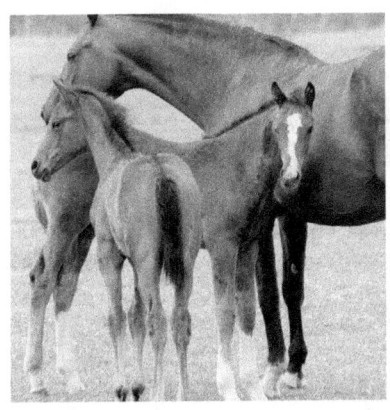

Equinos:
- Potrillos: 4 kg/día
- Potros: 8 kg/día
- Potrancas: 4 kg/día
- Yeguas vacías: 8 kg/día
- Gestación: 4 kg/día
- Caballos de pesebreras: 7 kg/día

Caprinos:
- Cabras: 1.5 kg/día
- Lactancia: 2.5 kg/día
- Lecheras: 3.5 kg/día
- Carne: 2 kg/día

Ovinos:
- Ovejas Gestación (50 kg): 2.5 kg/día
- Lactancia (1 cordero): 3.5 kg/día
- Lactancia (2 corderos): 4 kg/día
- Carne: 3 kg/día
- Cordero: 1 kg/día
- Carnero: 2.5 kg/día

Cerdos:
- Reproductores: 4 kg/día
- Lactantes: 2 kg/día
- Gestantes: 3 kg/día
- Carne: 2 kg/día

Conejos:
- Gestación: 402 g/día
- Lactancia (6 gazapos): 546 g/día
- Carne (30 días): 120 g/día
- Carne (50 días): 180 g/día
- Carne (70 días): 250 g/día
- Carne (100 días): 380 g/día

Gallinas:
Se recomienda proporcionar 25 kg de Forraje Verde Hidropónico (FVH) por cada 100 kg de alimento seco. Es especialmente beneficioso suministrar FVH de trigo con solo seis días de germinación, ya que mejora la digestión en comparación con la alimentación exclusiva con granos.

Bibliografía

De Rijck y Schrevens, 1998.
Adams, 1994; Rincón, 1997.
Steiner, 1961.
La huerta hidropónica popular – FAO
Martínez, E. 2001; comunicación personal
Manual Técnico Forraje Verde Hidropónico – 2 Edición
https://cdigital.uv.mx/bitstream/handle/1944/50099/TeobaCruzMarco.pdf?sequence=1&isAllowed=y
https://www.fao.org/fao-stories/article/es/c/1375101/
https://www.fao.org/3/ah472s/ah472s00.pdf
https://ri.ujat.mx/bitstream/20.500.12107/3459/1/TESIS_LUIS_GUSTAVO_BALAM_LOPEZ.pdf
https://www.calameo.com/read/00527288440fda49deefe